Die neusten Geheimwaffen Amerikas
Dieses Buch entstand durch
Geheimnisverrat

Mutter Hautberg

Die neusten Geheimwaffen Amerikas

Dieses Buch entstand durch Geheimnisverrat

Bibliografische Information der Deutschen Nationalbibliothek
Die Deutsche Nationalbibliothek verzeichnet diese Publikation in der Deutschen Nationalbibliografie; detaillierte bibliografische Daten sind im Internet über http://dnb.d-nb.de abrufbar.

ISBN 9783754359792

Copyright (2022) Mutter Hautberg
Herstellung und Verlag: BoD - Books on Demand, Norderstedt
Alle Rechte bei dem Autoren.

12,99 Euro

Heutzutage gibt es viele Liebhaber von Kriegsgerät
und Mutter Hautberg führt selbst einen
KampfHubschrauberVerein, aber das Wissen, dass man
erntet, sollte man stets verstreuen.
Mutter Hautberg hat geheime Akten, Eingebungen
und fremde Skizzen verbunden und führt dies den
Kriegswaffen Amerikas zu.

Viel Erkenntnis.
Mutter Hautberg

Dies ist ein neuer fortschrittlicher Panzer.
Er nimmt in einer Stärke von 200
Fahrzeugen die erste Reihe des Vorstoßes
an. Vorne an den Fahrzeugen sind
Ansaugstutzen. So kommen sie vorwärts.
Saugen sich immer wieder an der Erde
oder Bäumen an und rollen so vorwärts.
Nach vorne schießt man Schrot, in die
Luft Luftabwehrmunition und nach hinten
Nahrung für die Soldaten.
Auch hier neuartig: Der Einbau von
Glaspanzerung.

Ein Hautreißer.
Ein mit ArabaskaBuschDornen bestückter
GiftschmalzKnochen.
Seitdem dieses Artefakt in einem
abgestürzten Raumschiff gefunden und
getestet wurde, ist es nicht mehr
wegzudenken.

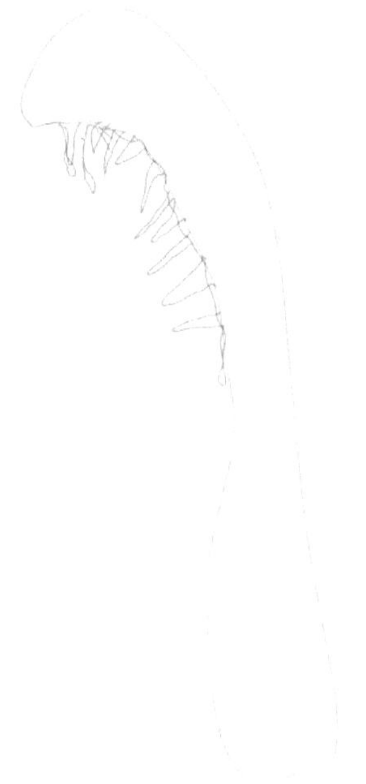

Ein Roboter in Frauenform. Er wird in die
fremden Gebiete geschleust und verführt
und tötet dort feindliche Generäle und
PiPaPo

Eine selbstständige Sonde, die Giftgas versprüht, Biomittel freisetzt und alle anderen technischen Geräte im Umkreis stört.

Für Spione eine Bibel mit einem
Giftstachel. Zielgebiet: Vatikan

15

In geheimen Laboren züchtete man
diese Zitterraupe. Erst einmal losgelassen
ruppt sie schnurgerade 200 Kilometer
kaputt. Egal, was auf dem Weg liegt: Es
wird zerstört.

Manche (kleinere Raupen) können Reiter tragen.

Ein ganz besonderer Wurfstern. Er steckt
sich gut fest und entfaltet sich bei
Haftkontakt und frisst sich somit komplett
ein und explodiert dann.

Jegliche Schutzwesten der Streitkräfte
sind im Notfall auch
KamikazeEigenBombe

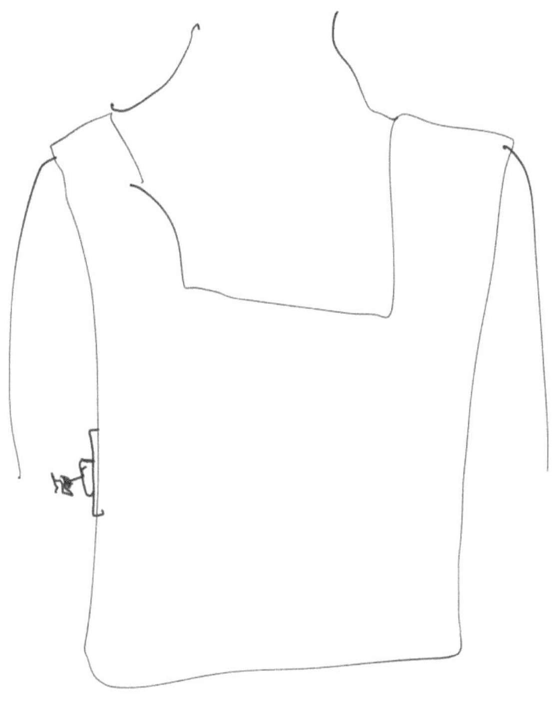

Mechanische Feuervögel

Es gibt freundliche Kontaktmännlein. Sie sind stets neutral und vermitteln zwischen den jeweiligen Nationen. 1920 wurden sie vom Schweizer Geheimdienst geschaffen und jede Nation erhielt drei Stück. Jedes Land dieser Welt hat ein Kontaktmännlein.

Es gibt ein geheimes Zeichen der Streitkräfte. Wenn Sie dieses Symbol irgendwie sehen, hier haben sie Schutz oder Gefahr. Je nachdem, auf welcher Seite Sie stehen.

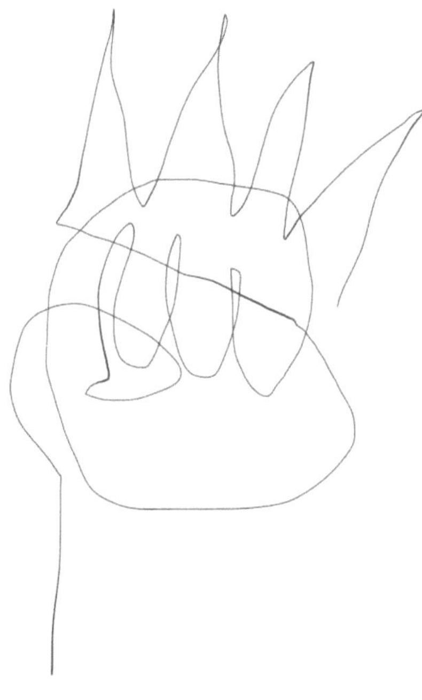

Es gibt aber auch schlimme Männlein aus
Staatsanbau. Umgangssprachlich nennt
man sie Bombenträger. Sie können nicht
denken und gehen einfach nur aufs Ziel
los. Man hält sie meist unter dem Haus
und bei Gefahr öffnet man die Pforten.
Bis dahin leben sie von allen
heruntergefallenen Lebensmittel, die
durchs Sieb fallen oder die in der Toilette
landen.

Todeskappen. Sie fliegen über feindliche Lager, erspähen durch die Kennzeichnung die Rangoberen, fliegen heran, setzen sich auf und schon ist der Mensch tot, aber der Körper fremdgesteuert.

Straßenlampen die gleichzeitig
Todesstrahlkanonen sind.

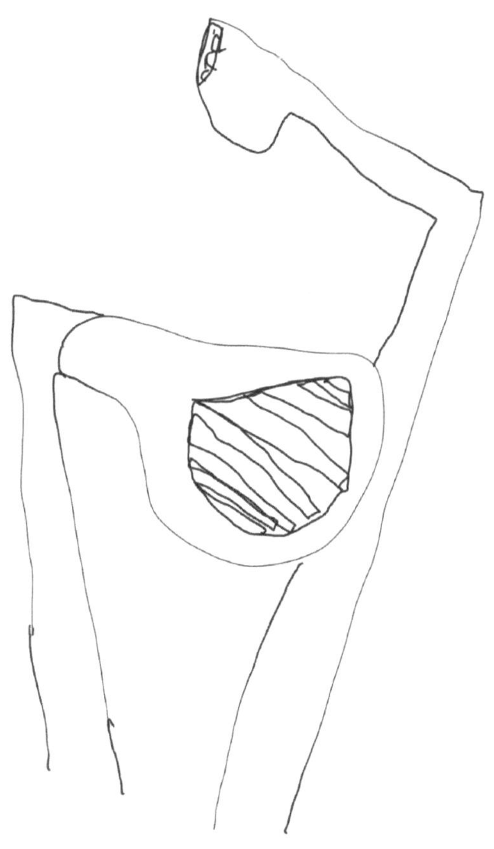

Man benutzt noch immer Kanonenvögel.
Zwischen den Jahren 1967 und 1988
züchtete man Vögel mit
Bombenschnäbeln. Gedickte
Schnabelkreide ist perfekt um als
Schießbolzen und Haltebindung zu
dienen.

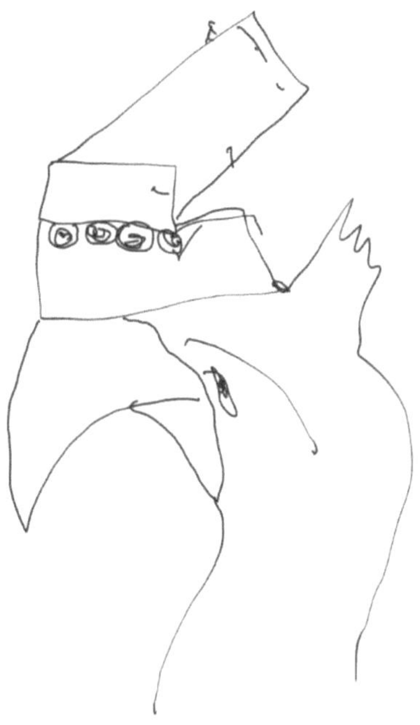